JN289273

考える絵本 ❸

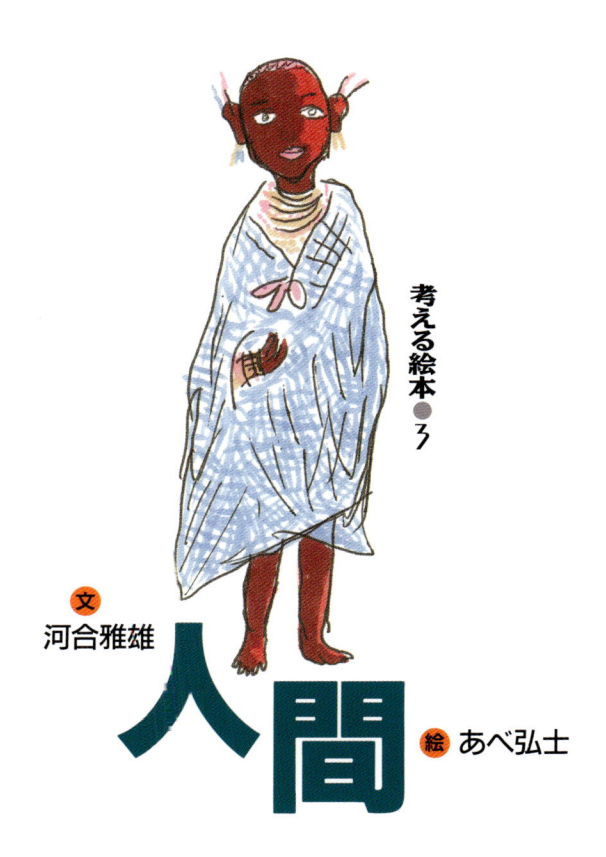

文 河合雅雄

絵 あべ弘士

人間

大月書店

人間ってなんだろう？

　自分ってなんだろう？　と考えたことがあるでしょう。自分のことは自分が一番よく知っているはずだけど、答えられない。

　自分は人間である。そのことはよくわかるけれど、では人間ってなんだろうと言われると、これもまたむずかしい。でも、犬や馬がこんな疑問をもつことはありませんね。自分とは？　人間とは？　って疑問をもつ動物が人間だと言えます。

　どの民族でも、世界や人間がどうして誕生したのか、という神話をもっています。「創世神話」と言いますが、ヨーロッパの人が信じているキリスト教では、聖書の教えにしたがって、人間も世界も神様が創ったと信じられています。神は自分の姿に似せてアダムという男性を創り、その肋骨からイヴという女性を創りました。この２人が人間の先祖なのです。

　ところが、そうではない。人間は神が創ったのではなくて、「大昔、ある未知の生物が地球に誕生し、長い年月のうちに少しずつ変わり、弱い者が滅び強い者が残るしくみによって、たくさんの生物の種が生まれた。人間もその一つだ」という進化論を唱える人が現れました。イギリスのチャールズ・ダーウィンで、1859年に『種の起源』という本で発表したのです。

　たいへんなことになりました。教会は神をないがしろにする者として非難し、大論争がまき起こりました。

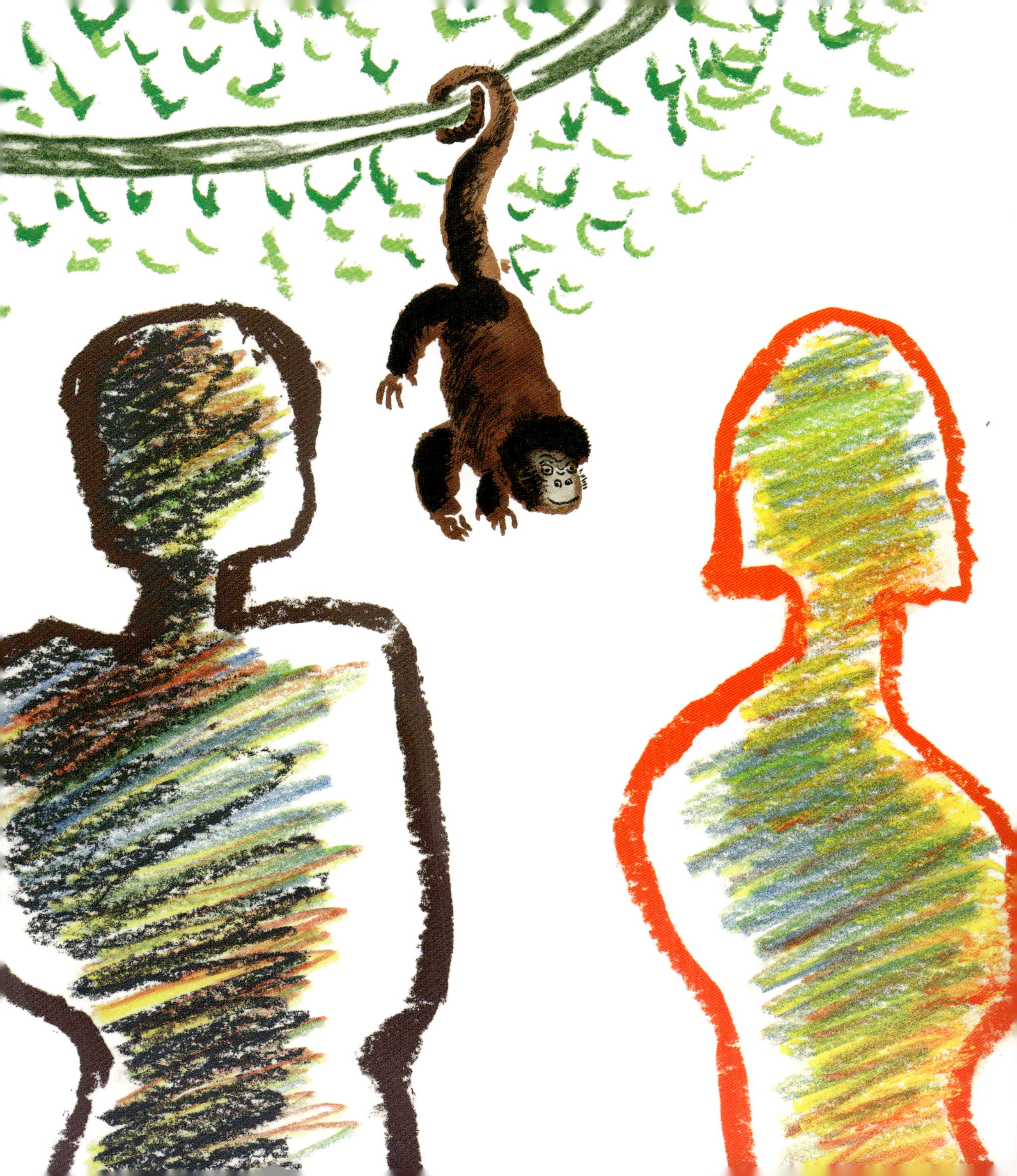

人間はサルから進化した？

『種の起源』では、ダーウィンは人間の起源については少ししかふれなかったが、1871年に出版した『人間の由来』で、人間とサルは共通の先祖をもつことをはっきりと述べました。反対者は、サルの体をしたダーウィンの似顔絵を描いてからかいました。

ダーウィンの説は、その後多くの科学者に受けいれられ、そのことを証明するための研究が進みました。そのいくつかを紹介しましょう。

解剖学（形態学）：骨格、筋肉、血管、神経など、身体のしくみを調べる学問です。人間とサル類は共通したものがたいへん多いことがわかりました。

化石による研究：古い人骨の化石を発掘し、年代を追って研究する。一番古い人類化石は、エチオピアで見つかったラミダス猿人で、約440万年前のものです。諏訪元さんらが発見しました。

年代測定学：化石がいつごろのものかを知る必要があります。埋まっていた地層、いっしょに出てきた他の動物化石との比較、放射性元素の測定、埋まっていた岩石の地磁気の測定など、精密な科学的分析により判断します。

分子進化学：チンパンジーやゴリラなどの類人猿と人間のDNAを調べることにより、おたがいがいつ分かれたかがわかる。チンパンジーと人間は約700万年前に分かれ、DNAの差はわずか1.23％にすぎません。

これらの研究を総合すると、人間はサル類から進化して、アフリカで約600万年前に誕生したと言えます。

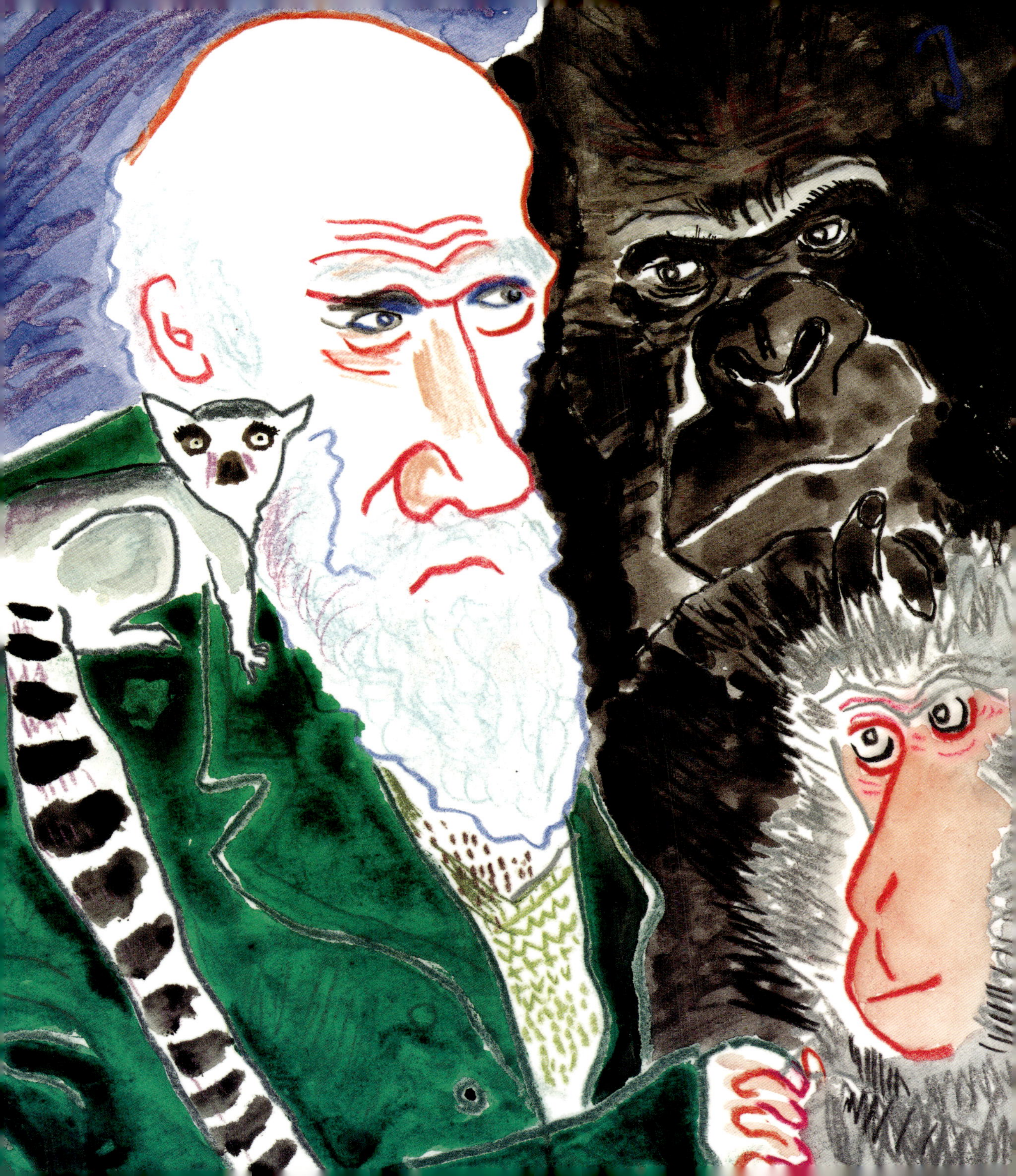

霊長類とは？

　サルというと、顔とお尻が赤いと思っている人が多いですね。でも、それはニホンザルの特徴で、多くのサルは顔は黒か肌色、青い顔のサルもいます。ニホンザルは日本にだけおり、世界のサル類の中で一番北にすんでいます。40万年ほど前に大陸から日本へ渡ってきました。

　サル類とヒトとを含んだ分類の名を、霊長類と言います。霊長類は約6500万年前に誕生し、現在世界中には約180種がいます。霊長類は大きく分けて原猿類と真猿類の2つのグループに分類されます。

　原猿類とは原始的なサルという意味で、サル類が誕生したときの特徴をたくさんとどめており、生きた化石と言っていいでしょう。多くは夜活動し、ただ一匹で暮らしていますが、動物園でよく見るワオキツネザルのように、群れを作って昼間活動するのもいます。

　真猿類は、大きく分けて広鼻猿類と狭鼻猿類に分けられます。広鼻猿類は中南米にいるサルたちで、マーモセットやリスザル、クモザルなどが含まれます。

　狭鼻猿類はニホンザルやヒヒ類のグループと、類人猿とヒトを含むグループに分けられます。類人猿は、アフリカにいるゴリラとチンパンジー、アジアにいるオランウータンとテナガザルがそうです。

```
                            霊長類
                      ┌───────┴───────┐
                    原猿類            真猿類
                                ┌──────┴──────┐
                              広鼻猿類        狭鼻猿類
                                          ┌──────┴──────┐
                                    オナガザルグループ  ヒトグループ
```

原猿類	広鼻猿類	オナガザルグループ	ヒトグループ
メガネザル	マーモセット	サバンナモンキー	テナガザル
ロリス	リスザル	ニホンザル	ゴリラ
アイアイ	クモザル	ゲラダヒヒ	チンパンジー
エリマキキツネザル	ホエザル	クロシロコロブス	ヒト

なぜサル類から人間が誕生したのか？

　サル類は哺乳類の一種です。現在地球上には約4500種の哺乳類がいますが、その中から、どうしてサル類だけが人間という特別高い知能と深い感情、それに豊かな社会性をもった動物を誕生させたのでしょうか。その秘密を解く鍵は、サル類のくらし方にあります。

　サル類がすんでいるところは、森です。森には、シカの仲間やイノシシ、ゾウなどいろんな動物がいます。彼らはみんな森の中の地面（林床）にすんでいますが、サル類は木の上にすんでいる——樹上生活がサル類の特徴です。樹上生活に適するように、身体のつくりを変えていきました。これを身体的適応と言います。

手ができた：樹上で生活するためには、木の枝をしっかりつかみ、木の実や葉をとって食べるために、5本の指が長くなり、ばらばらに動き、親指と他の4本の指が向きあうようになりました。木のぼりで幹に抱きついたりするために、鎖骨が発達して前足が自由に動くようになりました。つまり、前足が"手"に進化したのです。

立体視する目：木から木へ跳びうつるためには、距離を瞬間的に測らねばなりません。そのために2つの目が顔の前に並び、両眼で物を見る、つまり外界を立体的に見るように進化しました。また、哺乳類は一般的に"色"が見えず白黒の世界ですが、サルは色が見えるのです。

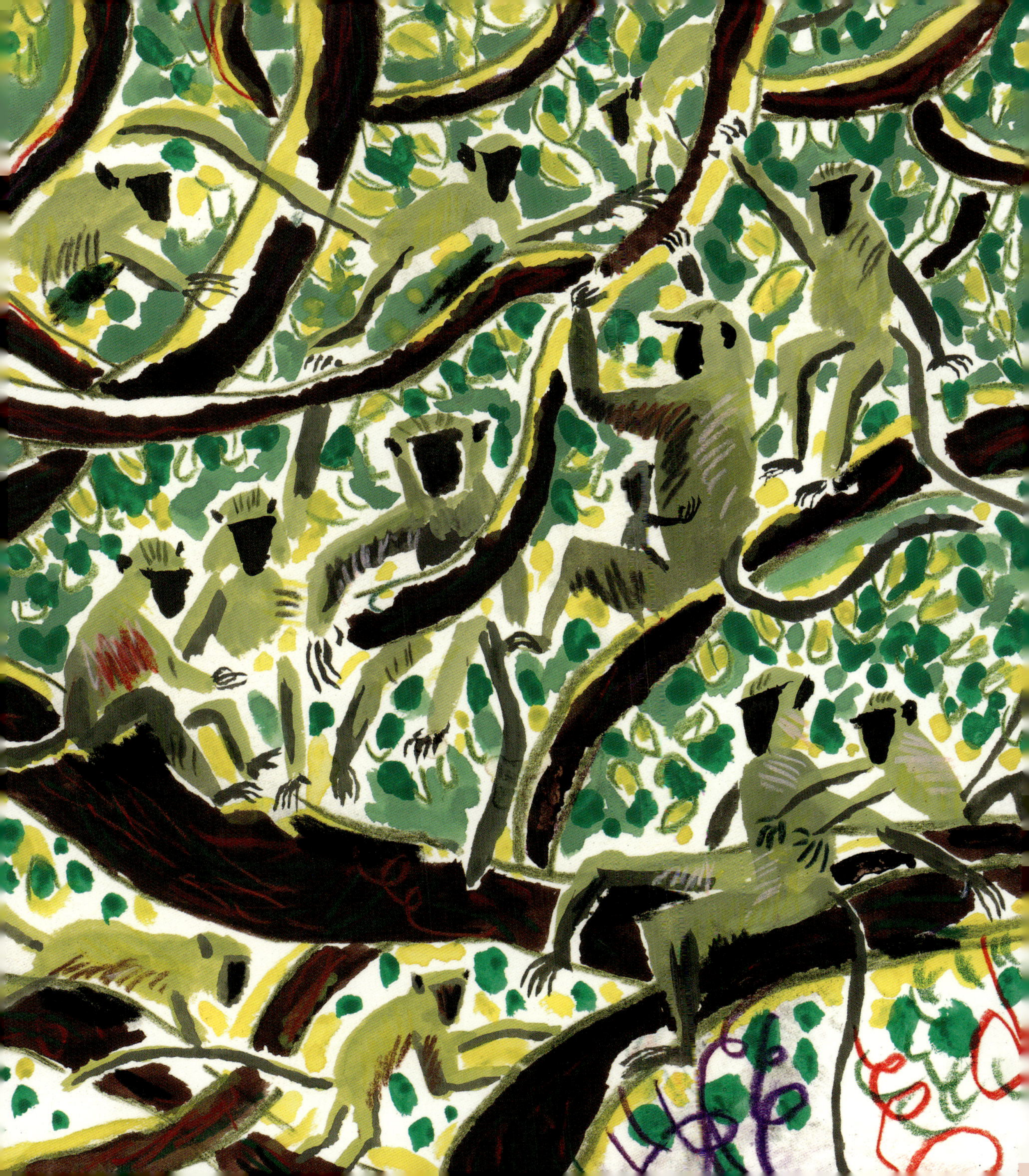

食べるとき頭と手を使う

　サルがすんでいる熱帯多雨林は、ジャングルという名で知られていますが、どんな森でしょうか。

　森の高さは平均40ｍもあります。緑の屋根（樹冠という）を作る高い木、つぎに高い木、中ぐらいの木、低い木、下生えの木や草と、森は5～6層になっており、5～6階の緑のビルのような構造をしています。そして、木の種類が非常に多いことが特徴です。

　サル類は果実や葉、昆虫や卵などを食物にしています。熱帯多雨林は、サル類にとっては5～6階建ての豊富なメニューをそろえたレストランのようなものです。食べものはありすぎるほどある。でも、熱帯の常緑樹の葉は毒を持ったものが多いので、なんでも食べるというわけにはいかない。食べられるものと食べてはいけないものの区別を知らなければなりません。子どもたちは、お母さんやきょうだいが食べるものをまねて食べ、何を食べてよいかを学習します。

　たいていの動物は、食べものに直接口をつけて食べますが、サルはまず手にとって口に入れます。何を食べてよいか考え、それから手を使う、つまり食事にいつも頭と手を使う行動が、脳の発達をうながしました。

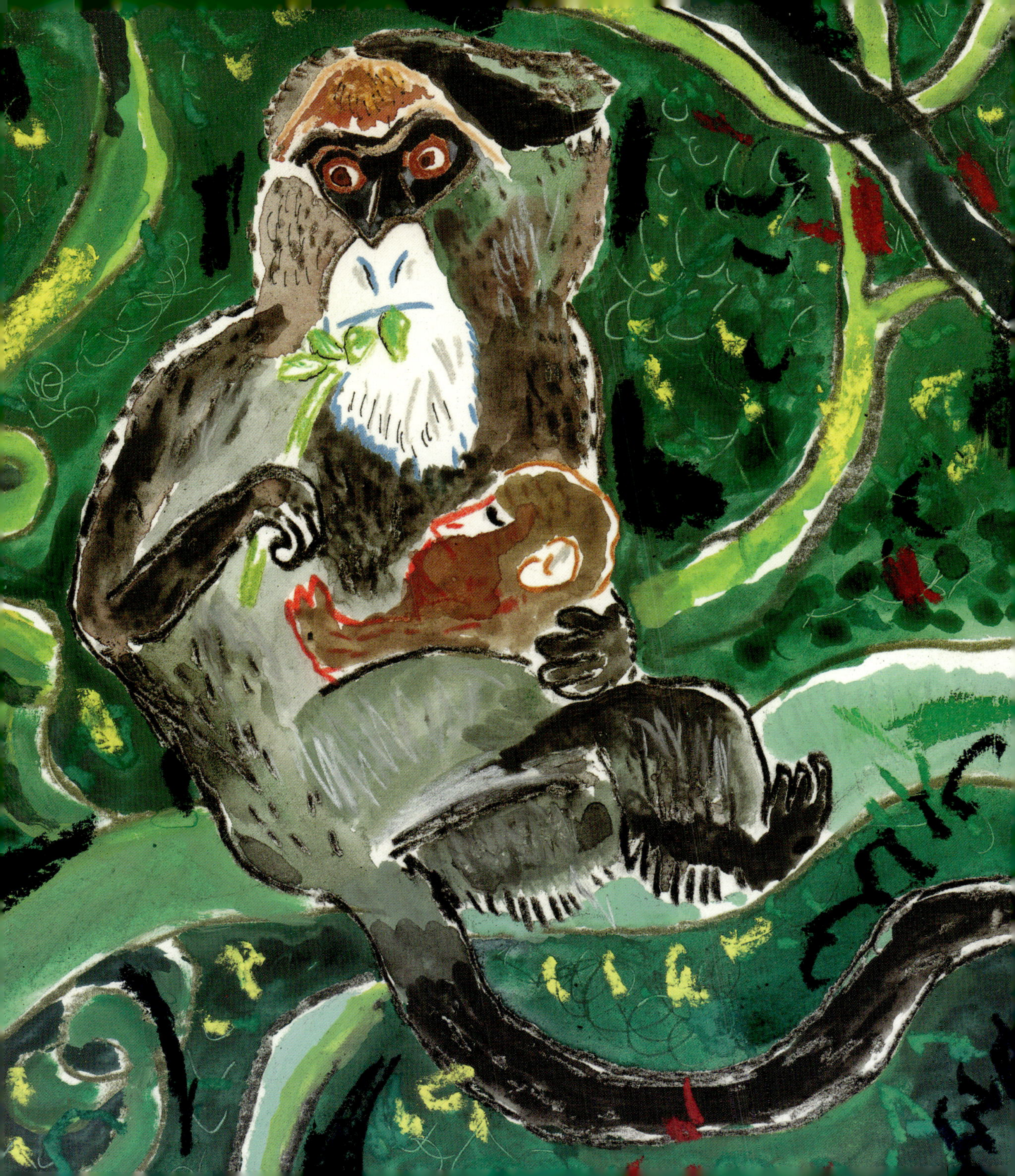

楽園での進化

　熱帯多雨林はサルたちにとっては、豪華なレストランです。しかも、食物をめぐる競争相手が少ない。鳥たちは果実は食べるが、葉は食べません。豊富な食べものはほとんどサルたちのひとりじめです。

　そのうえ、天敵が少ない。タカやワシが子どもをねらい、大蛇やヒョウが襲うことがありますが、多くはありません。

　熱帯多雨林は、サル類にとっては楽園ですね！　サル類は楽園で進化したと言えます。

　ところが、いいことばかりではない。たいへん恐ろしいできごとが待っていました。それは人口増加です。天敵がいないことは一見いいことのように思えるが、そうではありません。たとえば、シカはオオカミが適当に食べてくれるから、適正な人口が保てるのです。サルには外敵が少ないから、増える一方です。

　さて、こまった。サルは人口抑制のために、いくつかの工夫をあみだしました。

　1回に産む子の数は1頭にする。出産の間隔を長くする。チンパンジーやゴリラの出産は、平均6～7年に1回です。ゆっくり成長して出産年齢を遅くする。アナウサギのように生まれて4カ月で子どもを5～8匹産んでいてはたいへん、野生チンパンジーの初産は12歳ころです。

　母ザルは大切に子を育て、母子のきずなは強くなり、群れの仲間とも親しくなって、社会性が豊かに育つことになりました。

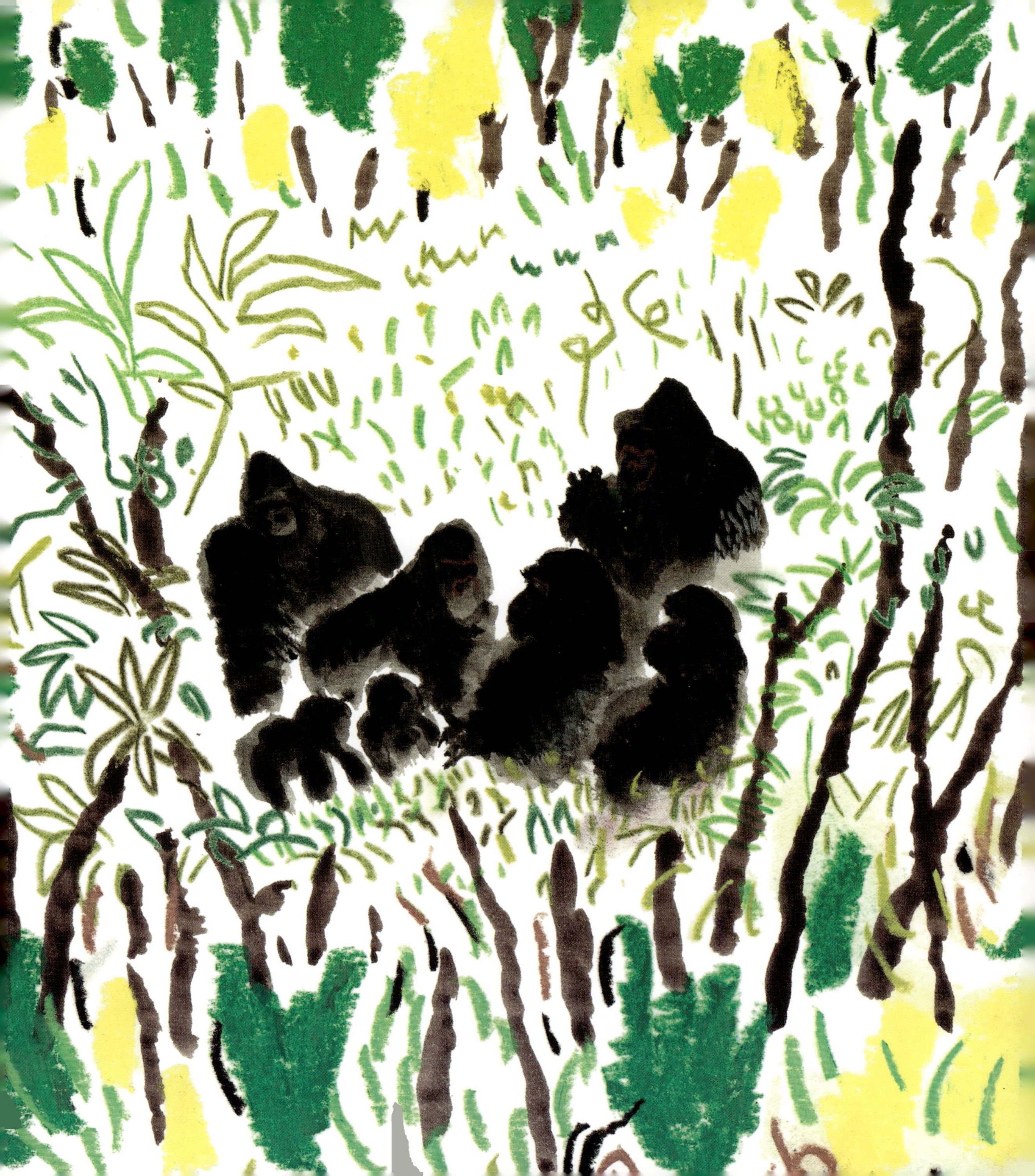

ヒト化って何?

　サルが進化してヒトになることを、ヒト化と言います。森の中での樹上生活に適応して、ヒト化のための体のつくりの基礎ができたことがわかったと思います。

　ヒト化のためには、行動や心などの進化が必要です。どんなことが必要なのでしょう？　ある学者は、"道具"だと言いました。「人間とは道具を作って使う動物である」というわけです。

　動物は、人間が教えると道具を使うことができます。しかし、自発的にはできません。ところが、野生のチンパンジーの研究が始まって、チンパンジーが道具を使い、簡単な道具を作ることが発見されたのです。

　イギリスのジェーン・グドールさんが、タンザニアの野生チンパンジーが、シロアリを釣ることを観察しました。グドールさんは26歳の時、一人で猛獣のいるところで調査を続けたのですから、すごいですね。チンパンジーはシロアリが大好きです。アリヅカの中にいるのを捕まえるために、草の茎やしなやかな細い枝を穴につっこむと、シロアリがそれにかみつきます。そうっと引きぬき、釣り棒にかみついているシロアリを食べるのです。小枝の皮をむくなど、適当な釣り竿を作ります。

　固いアブラヤシの実を台石にのせ、石でたたき割って食べることや、棒で球根を掘って食べるなど、いくつかの道具を使う行動が見つかっています。

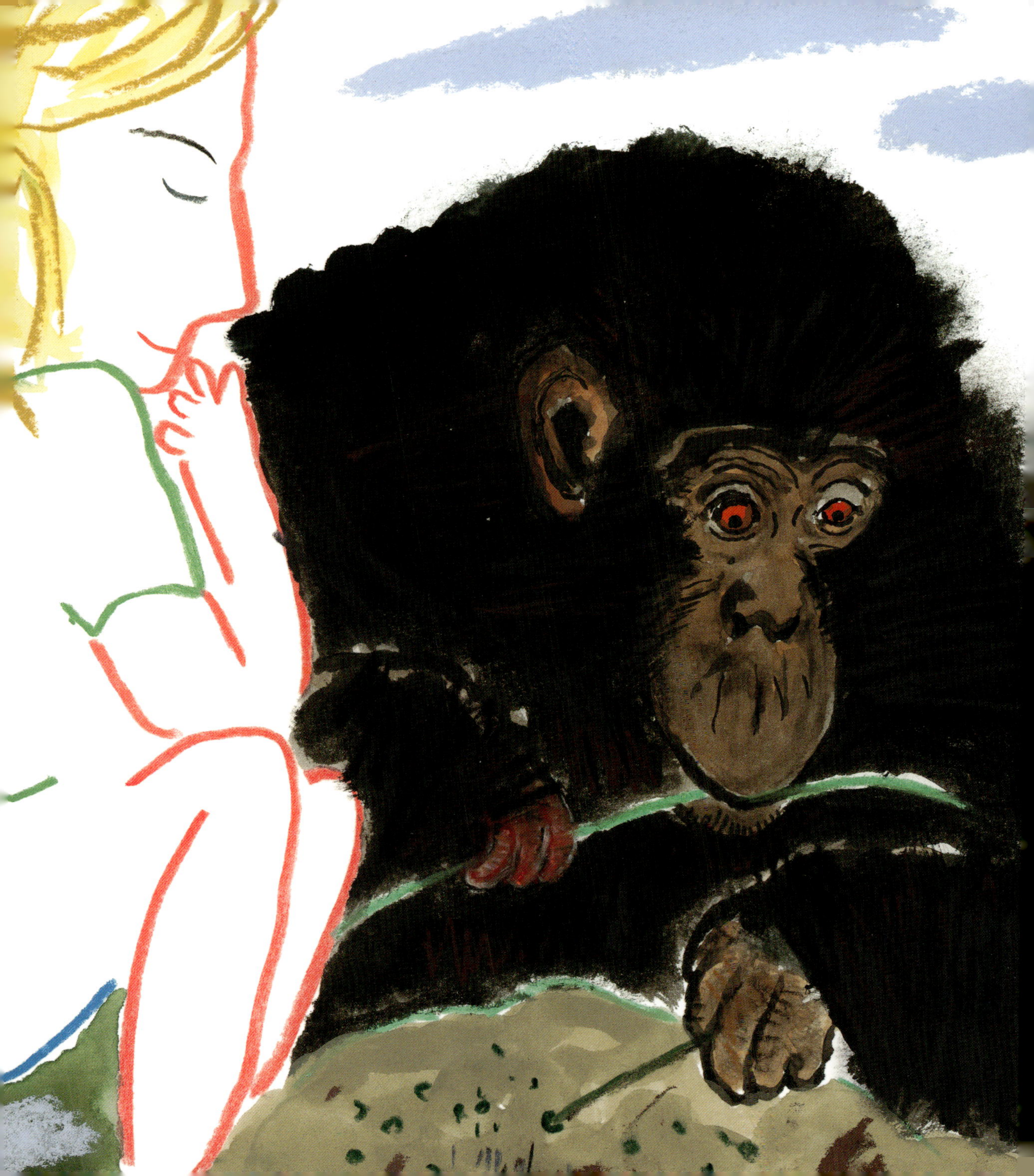

文化は人間に特有のものか？

「人間とは文化を発明した動物だ」という説は、教科書でもよくとりあげられました。芸術や学問、宗教などは動物の世界にはありません。しかし、文化の内容をもっと広くとらえると、サルの社会にも文化があることがわかりました。

日本人は生卵やナマコを食べます。しかし、欧米の人はどちらもけっして食べません。これは食文化がちがうからだ、と言いますね。ニホンザルの食べものでも、同じようなことが見られます。小豆島の群れは小鳥の卵が大好きだが、宮崎県幸島の群れは海の貝は食べるが卵は食べません。ということは、2つの群れの社会の食文化がちがう、と言うことができます。

文化を「社会に定着した生活習慣やものの考え方」というふうにとらえると、民族間の文化のちがいもよく見えてきます。昔の日本人のちょんまげやモヒカン族のモヒカン刈りは、ヘアスタイル文化のちがい、日本人のおじぎと欧米人の握手はあいさつ文化のちがい、というふうに理解できます。

幸島のニホンザルの群れで、少女ザルがサツマイモを海水で洗って食べ始めました。それを見習って多くのサルがイモ洗いをおぼえ、その行動が子孫に伝わっていきました。イモ洗い文化という新しい食文化が生まれたのです。チンパンジーにも多くの文化行動が観察され、文化は人間だけの特徴とは言えなくなりました。

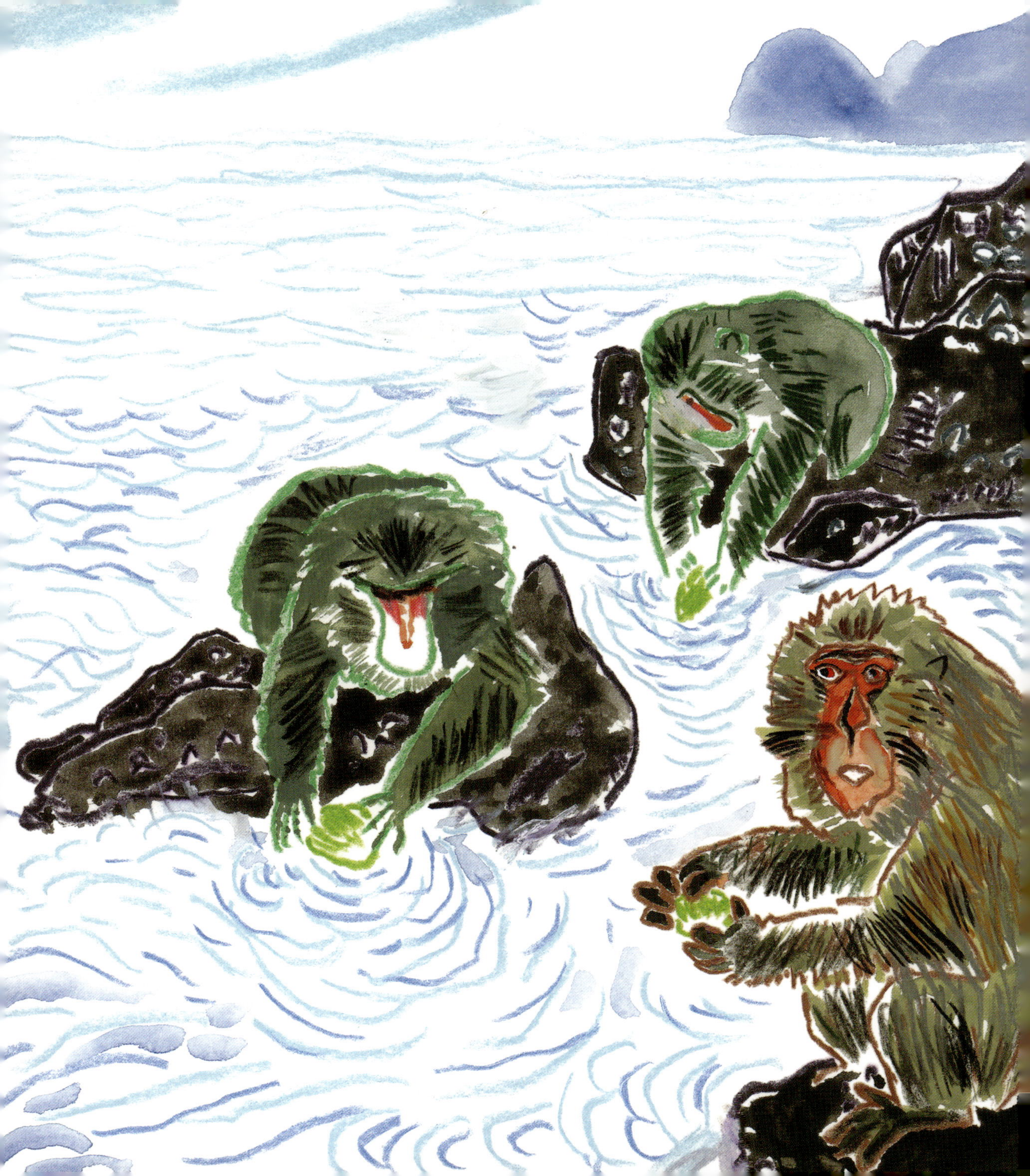

狩りをするサル

「人間とは狩りをするサルだ」とか「雑食するサルだ」と言う説があります。サル類には、昆虫を主食にしているものもいますが、多くは植物が中心です。哺乳類の肉は食べません。人間は植物と肉を食べる雑食性です。だからこの説は正しいと思われていました。

ところが野生のチンパンジーは、協同して狩りをすることがわかりました。アカコロブスというサルや、イノシシやレイヨウの子どもなどを捕って食べるのです。だから、狩りと雑食は、人間だけの特徴とは言えなくなりました。

ヒト化への準備

分配：チンパンジーは、食べものを独占しません。おちょうだいをしたり、ものほしそうな目で相手の目を見つめたりして、食べものをねだります。みんな肉は大好きなので、とくによくします。そうすると、食べものを分けあたえるのです。母親が子どもにあたえるのが一番よく見られます。

これはヒト化にたいへん重要な行動です。そのほかヒト化のために重要な行動をあげましょう。

あいさつ：チンパンジーはあいさつ行動が発達しています。おじぎ、握手、キス、だきかかえるなど、人間社会のあいさつのほとんどが見られます。あいさつはおたがいの関係がぎくしゃくしないように役立っています。

愛情：子どもが死ぬと、母親は死体を数日抱いています。チンパンジーでは、母親が亡くなると、姉や兄が育てます。母子きょうだいの愛情はとても豊かです。

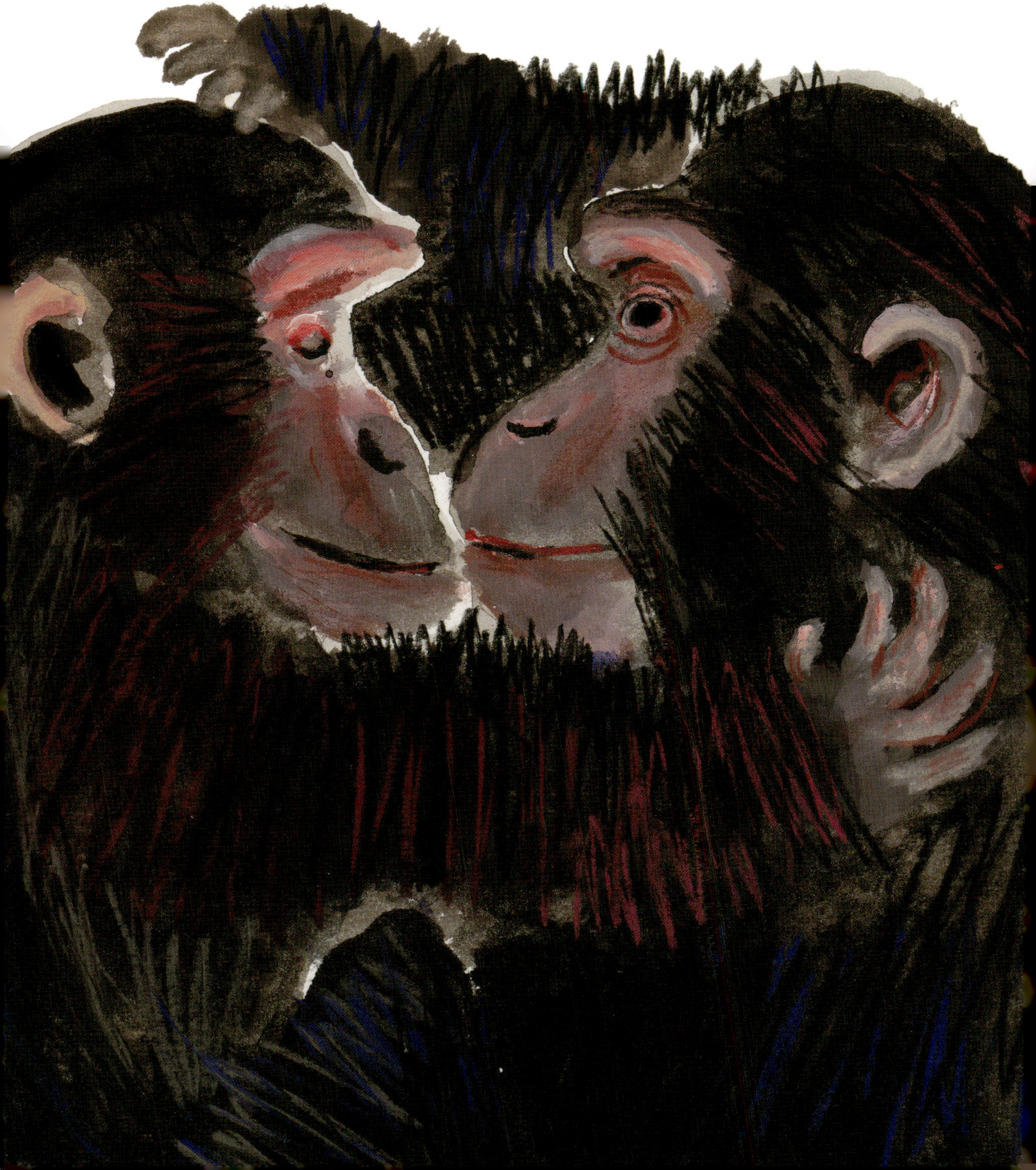

楽園よさらば

　熱帯多雨林という楽園の暮らしに甘んじておれば、サルはヒトに進化しなかったでしょう。たくさんの苦労を経験し、困難に打ち勝って新しい進化の道を開拓していかなければ、ヒト化への道は閉ざされていたと思います。

　サルからヒトへ進化しつつある霊長類を、始人類と呼ぶことにします。彼らは高い知能をもち冒険心に富んでいました。森という楽園から出て、彼らが向かったのはサバンナです。

　サバンナとは、木がまばらに生えているアフリカの草原を言います。そこにはライオン、ヒョウ、チータ、ハイエナや毒蛇などの恐ろしい天敵がたくさんいます。なぜこんな危険なところへ出ていったのでしょう。

　森の中では人口が増え、新しい生活の場を開拓する必要があります。広大なサバンナが新天地でした。好奇心と冒険心にあふれた始人類には魅力のある世界でした。そこへ出るには、いいルートがありました。疎開林と川辺林です。

　疎開林とは、森林とサバンナをつなぐ木と木の間がすいている明るい林のことです。森からサバンナへ流れる川の岸辺には、木が茂って細長い林ができる。それが川辺林です。そこには新しい食べものがあり、動物もたくさんいます。始人類は武器を発明し、石や棒で獲物を捕りました。始人類は牙をもたず戦いには不利です。しかし、武器と協同行動と知恵で、ライオンなどの外敵を防ぐことに成功しました。

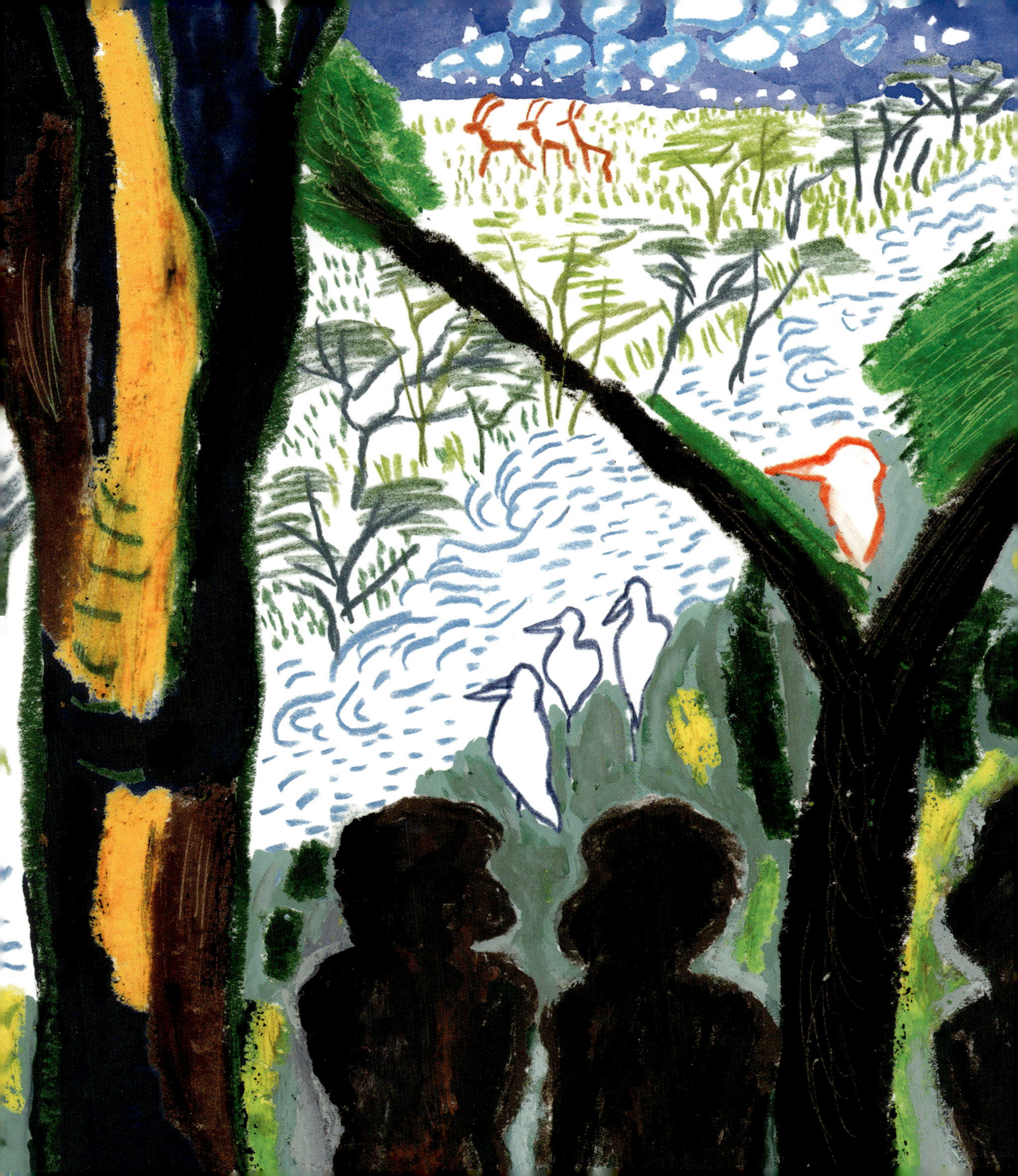

ヒト化への出発はまず家族から

　サバンナは森林とはちがい、とてもきびしい環境です。ライオンやチータなどの恐ろしい外敵と戦い、新しい食べものを見つけ、子どもを育てていかねばなりません。そのために、始人類はサル社会では見られないまったく新しいできごとをつくりだしました。それは、1）家族をつくる、2）2本足で立って歩く、3）言葉を発明する、の3つです。それらがヒト化のきめ手になりました。この3つはどちらが先というのではなく、3つの条件がおたがいに影響しあって、進化したと考えられます。

　シカの赤ちゃんは、生まれて1時間もすると立ちあがり、母ジカの乳を自分で吸いにいきます。しかし、人間の赤ちゃんは自分では何もできず、しかもゆっくり成長するので、母親がしっかり守っていなければ育ちません。そこで家族をつくり、父親が母子を外敵から守り食料をとってくる、という生活を始めました。

　ライオンやハイエナといった強敵には、家族どうしが協同して戦う必要があり、仲のよい家族どうしのつながりができました。男たちは狩りに出かけ、女たちは果実や球根などを採集し、食料を確保しました。こういう生活の仕方を、狩猟採集生活と言います。

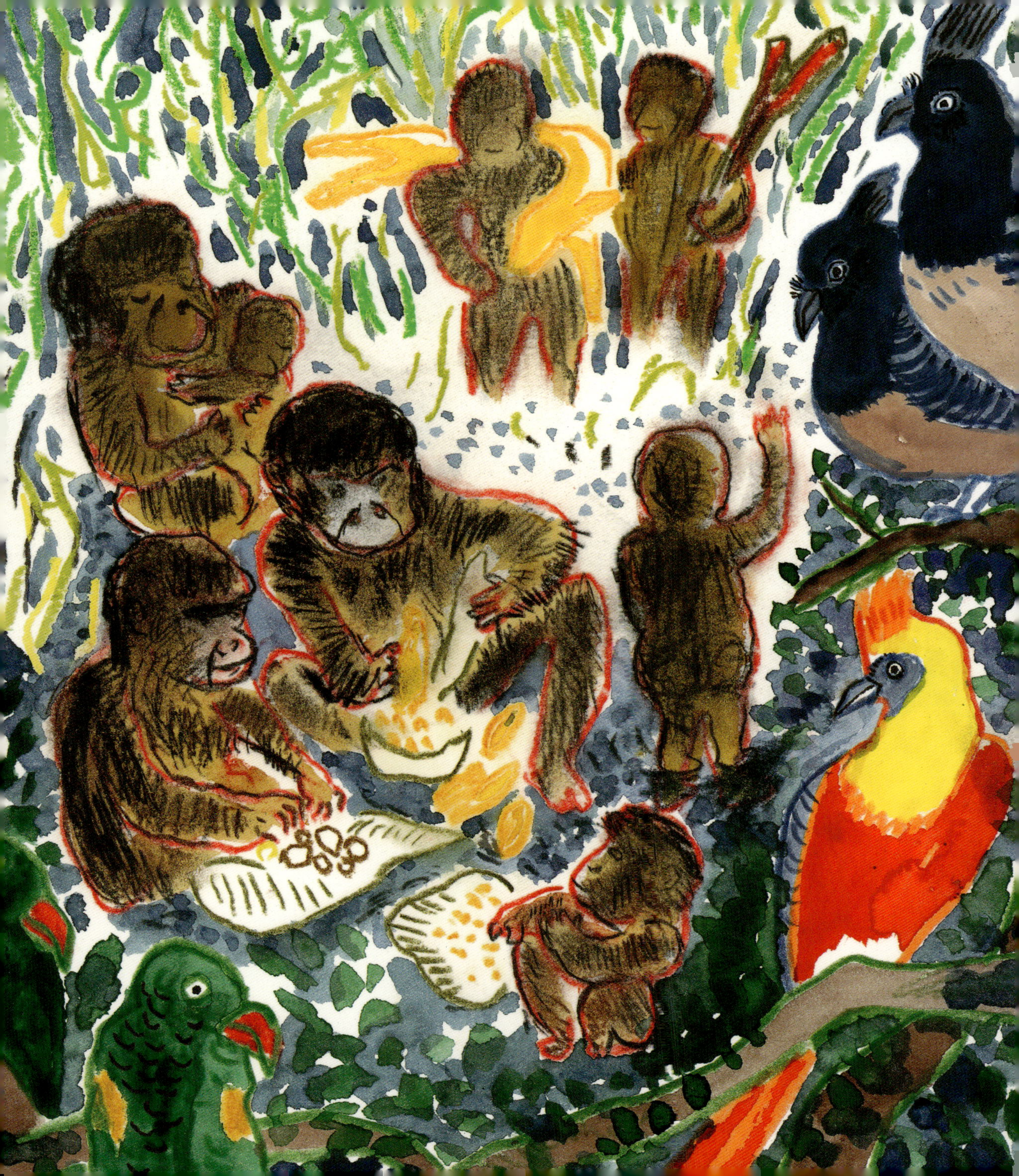

2本足で立って歩く

　サバンナは恐ろしいところです。いつライオンやヒョウに襲われるかわからない。コブラなどの毒蛇やサソリにとつぜん出会うこともあります。始人類は石や棒を武器にして立ち向かいました。

　石を投げ、棒を振りまわしたりして武器を有効に使うためには、２本足で立ち手を自由に使う必要があります。そこで２本足で立つ便利さを身につけました。

　生きていくためにもっとも重要なことは、外敵から身を守ることと食料を確保することです。サバンナには狩りの獲物になる動物がたくさんいます。素手でつかまえるより、石や棒を使うほうが、はるかに能率があがります。また、球根を掘ったり果実をとるのに、棒を使う。そのためには、２本足で立って手を使うようになりました。

　大きな獲物やたくさんの果実を、家族のいるところへ持っていかなければなりません。幸島のニホンザルのイモ洗いでは、サルたちはイモを両手に持ち、２本足で立って海まで走っていきます。この例から考えてみても、始人類は２本足で歩いて獲物を運搬したのでしょう。

　武器の使用と物の運搬という新しい行動が、２本足で歩くという霊長類では特殊な行動を生みだしたのだと考えられます。

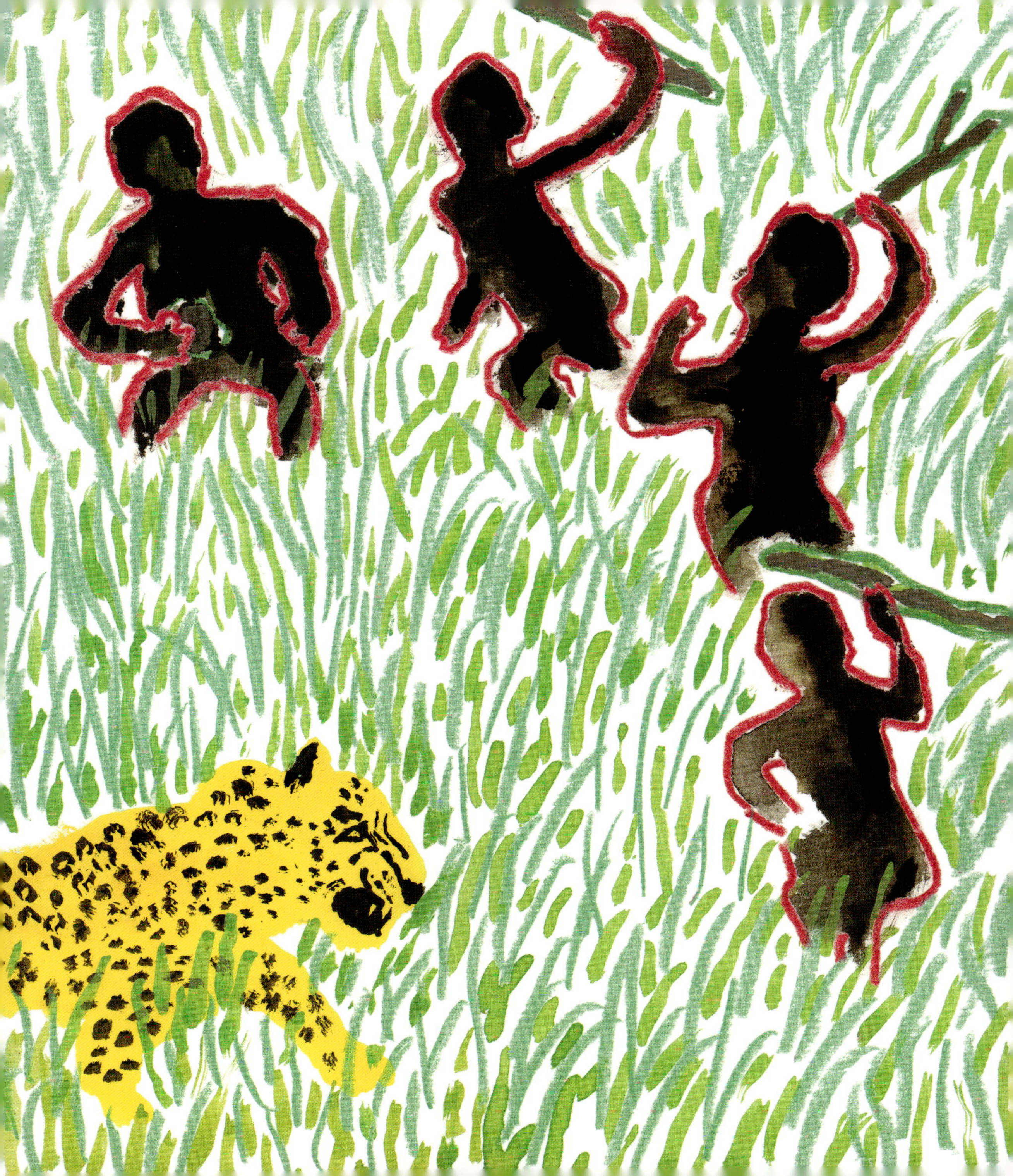

言葉を発明した

　動物園のサル山のニホンザルでは、けんかをして泣き叫んだり、母ザルが呼ぶと子どもが走ってくる姿をよく見ます。ニホンザルは37種の声をもっていて、おたがいに交信しあっています。それらはふつう言葉と呼ばれますが、正しくは言葉ではありません。では言葉ってなんでしょう。

　同じ日本人であっても、青森県の人と鹿児島県の人が地元の言葉（方言）で話しあっても、ほとんど通じません。だから、どこの人でも通じるように、日本語の共通語がつくられました。学校で習い、アナウンサーが話している言葉がそれです。

　では、青森と鹿児島のニホンザルとが出会うとどうでしょう。すぐにコミュニケーションができます。つまり、ニホンザルには方言のようなものがなく、全国どこのニホンザルでも声の種類は同じで、すぐ通じあいます。声の種類やコミュニケーションの仕方は、学習でおぼえたのではなく、本能によるものなのです。

　言葉というのは、人間がつくり、それをみんなが学び、おたがいがコミュニケーションの方法として使っている、声による伝達のシステムです。それは人間だけがもっている能力です。

　始人類は、家族のあいだで話しあい、狩りなどの協同作業を通じて、言葉を発明しました。

いいずてんきどすなあ

ほんどにそんだなあ

人間であることの原点

　サルがどうして人間に進化したか、という問題から、人間とは何かを考えてきました。その結果、人間とは「家族という集団を作り、２本足で立って歩き、言葉をもつ霊長類だ」と言うことができます。

　めんどうくさいなあ、「人間とは大きな脳をもち、高い知能をもつ動物だ」と言っては、と思う人があるでしょう。ざんねんながらそうは言えません。人間の先祖である猿人の脳の大きさは、チンパンジーの脳とほぼ同じです。家族で暮らし、２本足で歩き、言葉を使うことによって、大脳はしだいに大きくなっていったのです。これら３つの条件は、人間であることの原点です。

　ところが、文明が進むにつれ、これらの３つを弱める力が働くようになります。今家族のむすびつきが弱くなり、車の発達によって歩かなくなり、携帯電話などによって直接の対話が少なくなっています。人間らしく生きるためには、まず、これら３つを大切にすることです。

　人間が生まれたのは、約600万年前のことです。それからいろんな人類が現れては消えていきました。そして今、地球上にはホモ・サピエンスと名づけられた人類がすんでいます。私たちはその一員です。今回は、人間の誕生について話をしましたが、それから始まった人間の600万年の進化の歴史は、またいつかお話することにしましょう。

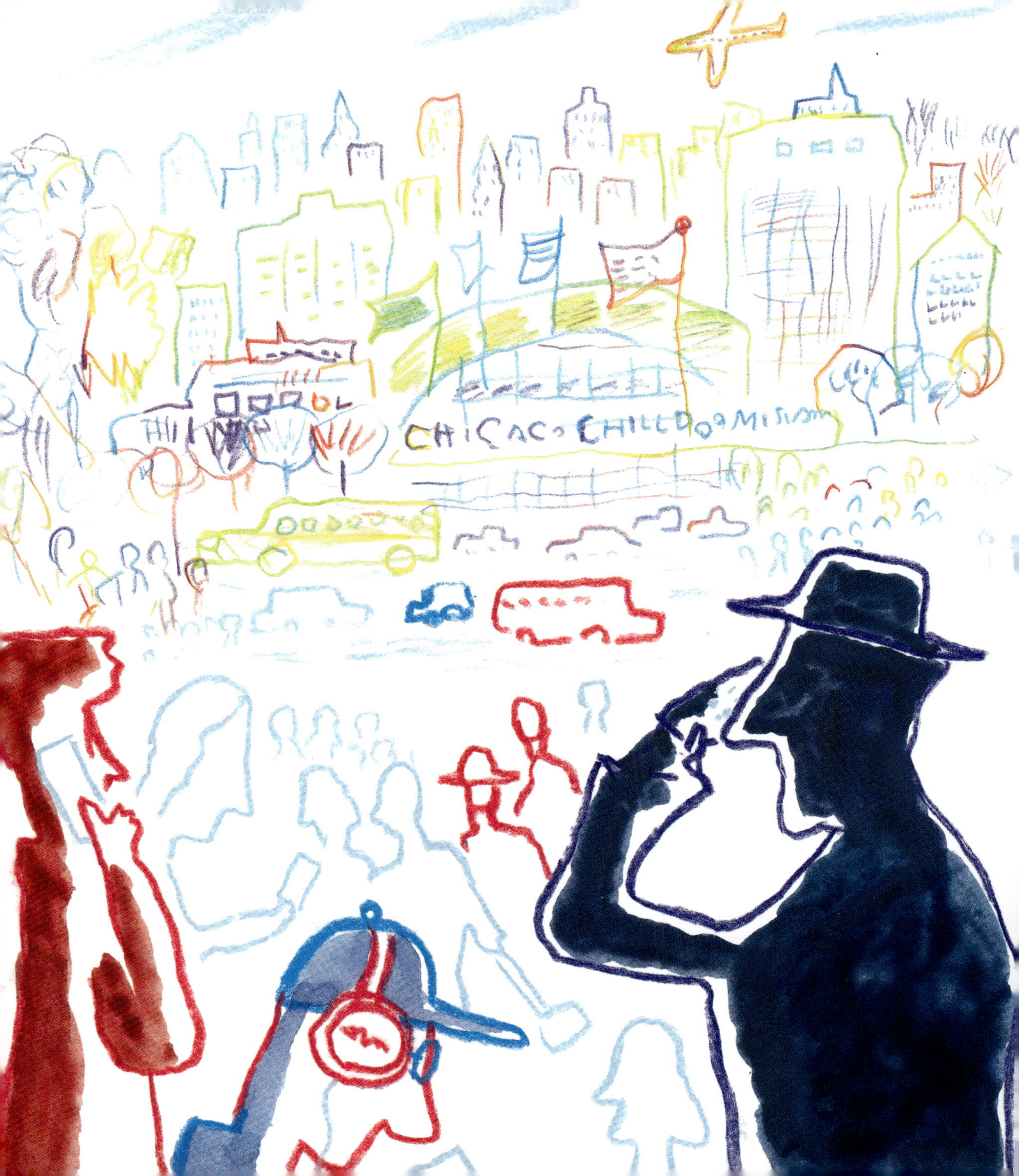

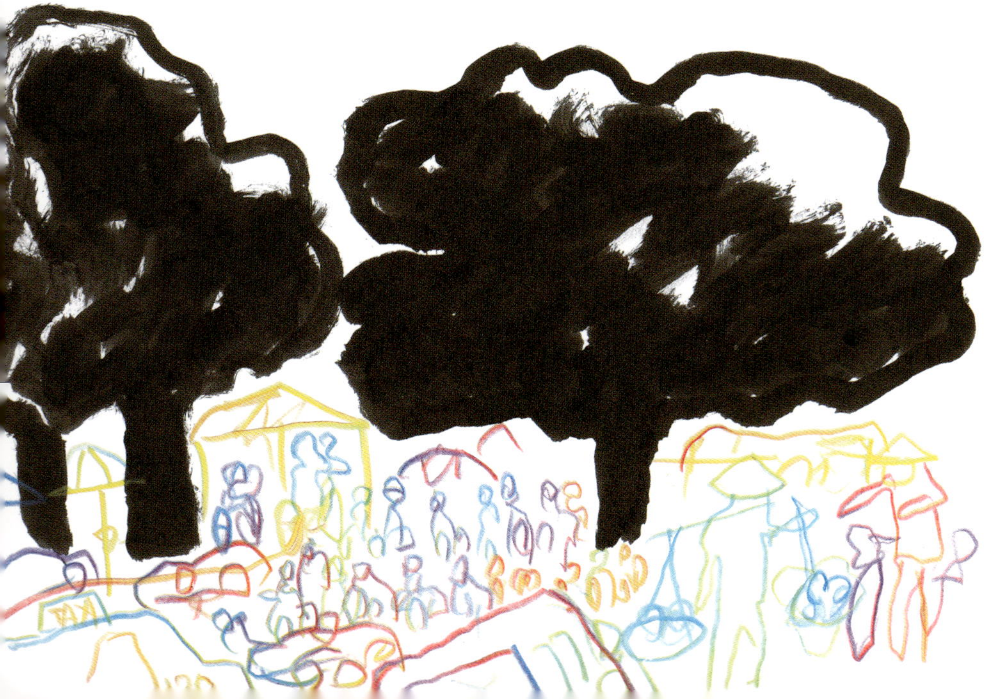

絵本をつくりながら考えたこと

　第2次世界大戦では、世界中の主だった国のほとんどが戦争に参加し、4000万人以上の人が亡くなりました。日本も約300万人の人が死にました。日本中の大・中都市は焼野が原になり、一発の原子爆弾で10万人以上の市民が殺されたのです。私は戦時中は病気で家で寝ていたので、幸い軍隊への入隊はまぬがれましたが、二人の兄は戦地へ行かされ、いとこや友人の多くが戦死しました。

　昭和20年8月15日、日本は降伏し戦争は終わりました。食べ物も衣類もろくになく、みんながひもじい思いをした貧しい暮らしでしたが、平和のよろこびとありがたさに感謝しました。とともに、どうしてあのような無茶な戦争をしたのか、と考えざるをえませんでした。人間が人間を殺しあい、家を焼き、田畑をつぶし、残酷な破壊の限りを尽くす戦争——人間ってなんと愚かなことをするのでしょう。でも一方、深い愛情ややさしさ、親切な心をもった善良な人もたくさんいます。そして、すぐれた芸術や崇高な宗教など、すばらしい美と豊かな心の世界を創るのも人間です。善と悪の二つの世界を創るのも人間です。善と悪の二つの世界を人間はもっている。戦争が終わって、友人が帰ってきました。中国では人に言えないような残酷なことをしたのに、田舎へ戻るとすごく善良なお百姓さんになりました。善と悪との二つの世界を、スウィッチを切り替えるように往き来する不思議さに、人間って何だろうと考えこみました。

　私がサルの研究をはじめたのは、こういう不思議な動物が、いつ、どこで、どうして生まれたのかを知りたかったからです。「人間とは何か」という問題は、昔から宗教家や思想家、哲学者らが考えてきました。しかし今は、自然科学の立場からも研究することができるようになりました。霊長類の進化を研究する学問を霊長類学と言います。その中で、この絵本はサル類の行動と社会、生態の研究からヒト化の問題を、最新の知識を基に物語にしたものです。まだまだわかっていないことがたくさんあります。この絵本を見て、ここはちょっとおかしいと思ったら、その時君は小さな科学者です。

河合雅雄

文 河合雅雄 かわい・まさを

1924年兵庫県篠山町生まれ。京都大学名誉教授、兵庫県立人と自然の博物館館長。京都大学霊長類研究所所長、日本モンキーセンター所長を歴任。1972年朝日賞、『人間の由来　上・下』（小学館）で毎日出版文化賞、『小さな博物誌』（筑摩書房）で産経児童出版文化賞。『子どもと自然』（岩波書店）、『森に還ろう』（小学館）、『少年動物誌』（福音館書店）、草山万兎の名で『ゲラダヒヒの紋章』（福音館書店）、シリーズ『河合雅雄の動物記』（フレーベル館）など多数。

絵 あべ弘士 あべ・ひろし

1948年北海道旭川市生まれ。絵本作家。1972年から25年間、旭川市旭山動物園飼育係として勤務する。『あらしのよるに』（講談社）で講談社出版文化賞絵本賞、産経児童出版文化賞JR賞、『はりねずみのプルプル』シリーズ（文渓堂）で赤い鳥さし絵賞、『ゴリラにっき』（小学館刊）で小学館児童出版文化賞を受賞。他に『絵ときゾウの時間とネズミの時間』（福音館書店）、『どうぶつ句会』（学習研究社）、『エゾオオカミ物語』（講談社）など多数。

シリーズ編集委員

野上暁 のがみ・あきら

1943年生まれ。評論家、作家。白百合女子大児童文化学科講師、東京成徳大学子ども学部講師。児童文学学会、日本ペンクラブ会員。著書に『おもちゃと遊び』（現代書館）、『日本児童文学の現代へ』『〈子ども〉というリアル』（パロル舎）、『子ども学　その源流へ』（大月書店）など。

ひこ・田中 ひこ・たなか

1953年生まれ。児童文学作家。『お引越し』（ベネッセ／講談社文庫）で椋鳩十賞受賞、『ごめん』（偕成社）で産経児童出版文化賞受賞、後に映画化。他の著書に『カレンダー』（講談社文庫）、『大人のための児童文学講座』（徳間書店）など。サイト「児童文学書評」を主宰。http://www.hico.jp/

装丁・デザイン＝杉浦範茂

考える絵本●3　人間　　　2009年7月21日　第1刷発行　2025年2月28日　第4刷発行
　　著者●河合雅雄、あべ弘士　　　　　　　　　定価はカバーに表示してあります
　発行者●中川進
　発行所●株式会社 大月書店
　　　　　〒113-0033　東京都文京区本郷2-27-16
　　　　　電話（代表）03-3813-4651　FAX 03-3813-4656
　　　　　振替 00130-7-16387
　　　　　https://www.otsukishoten.co.jp/
　　印刷●精興社
　　製本●ブロケード

©2009 Printed in Japan
本書の内容の一部あるいは全部を無断で複写複製（コピー）することは、法律で認められた場合を除き、著作者および出版社の権利の侵害となりますので、その場合にはあらかじめ小社あて許諾を求めてください。
ISBN978-4-272-40663-0 C8310